（全20册）

从蒸汽机到火车的发明

路虹剑 / 编著

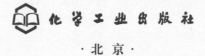

化学工业出版社

·北京·

图书在版编目（CIP）数据

小实验串起科学史 . 从蒸汽机到火车的发明 / 路虹剑
编著 . —北京：化学工业出版社，2023.10
ISBN 978-7-122-43908-6

Ⅰ . ①小… Ⅱ . ①路… Ⅲ . ①科学实验 - 青少年读物
Ⅳ . ①N33-49

中国国家版本馆 CIP 数据核字（2023）第 137344 号

责任编辑：龚 娟 肖 冉　　　　　　装帧设计：王 婧
责任校对：宋 夏　　　　　　　　　　插 画：关 健

出版发行：化学工业出版社（北京市东城区青年湖南街 13 号 邮政编码 100011）
印　　装：盛大（天津）印刷有限公司
710mm×1000mm　1/16　印张 40　字数 400 千字
2024 年 4 月北京第 1 版第 1 次印刷

购书咨询：010-64518888
售后服务：010-64518899
网　　址：http://www.cip.com.cn
凡购买本书，如有缺损质量问题，本社销售中心负责调换。

定价：360.00 元（全 20 册）　　　　　　　　　　　版权所有　违者必究

作者序

在小小的实验里挖呀挖呀挖，挖出了一部科学史！

　　一个个小小的科学实验，好比一颗颗科学的火种，实验里奇妙、有趣的科学现象，能在瞬间激起孩子的好奇心和探索欲。但这些小实验并不是这套书的目的和重点，它们只是书中一连串探索的开始。

　　先动手做一个在家里就能完成的科学实验，激发孩子的好奇，自然而然地，孩子会问"为什么"，这时候告诉他这个实验的科学原理，是不是比直接灌输科学知识更能让孩子接受呢？

　　科学原理揭秘了，孩子的思绪就打开了，会继续追问：这是哪位聪明的科学家发现的？他是怎么发现的呢？利用这个科学发现，又有哪些科学发明呢？这些科学发明又有哪些应用呢？这一连串顺

理成章、自然而然的追问，是不是追问出一部小小的科学史？

你看《从惯性原理到人造卫星》这一册，先从一个有趣的硬币实验（实验还配有视频）开始，通过实验，能对经典物理学中的惯性有个直观的了解；紧接着通过生活中的一些常见现象来加深对惯性的理解，在大脑中建立起看得见摸得着的物理学概念。

接下来，更进一步，会走进科学历史的长河，看看是哪位伟大的科学家首先发现了惯性原理；惯性原理又是如何体现在宇宙中星体的运动里的；是谁第一个设计出来人造卫星，这和惯性有着怎样的关系；我国的第一颗人造卫星是什么时候发射升空的……

这套书共有 20 个分册，每一个分册都有一个核心主题，从古代人类文明，到今天的现代科技，内容跨越了几千年的历史，能读到伽利略、牛顿、法拉第、达尔文等超过 50 位伟大科学家的传奇经历，还能了解到火箭、卫星、无线电、抗生素等数十种改变人类进程的伟大发明的故事。

这套书涉及多个学科，可以引导孩子在无数的"问号"中深度思考，培养出科学精神、科学思维、科学素养。

目 录

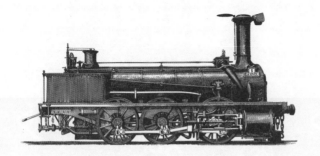

07

　　火车，是人们长途出行最常用的交通工具之一。自从火车被发明以来，仿佛给人们打开了一个全新的世界，人们可以乘坐火车去很远的地方，也可以用火车运输货物，整个世界的联系因为火车而变得更为紧密了。那么最早的火车是如何被发明的？又经历了哪些发展？

　　在了解火车的历史之前，我们先通过小实验了解一下能量转化原理。

火车的发明让世界联系紧密

小实验：神奇珠链

珠链就是把细小珠子紧密穿在一起的链子！接下来，我们让珠链"动"起来！

扫码看实验

实验准备

珠链和玻璃杯。

实验步骤

1 如图所示，将珠链一点一点地装入玻璃杯中。

2 留出一小段珠链在杯子外边，然后往下一拉，看看会发生什么？

我们会发现，珠链自动从杯中跑出来，沿着最初拉的方向下落到桌子上，并且速度越来越快。这是为什么呢？

实验背后的科学原理

原来，珠链的一端向下落，它的重力势能转化为动能，带动杯子里的珠子运动。更多珠子的重力势能转化为动能，速度就越来越快，也会带动更多的珠子落下来。

动能，是指物体由于运动而具有的能量。物体的质量越大，运动的速度越快，具有的动能就越大。

重力势能，是指物体因为被举高而具有的能，物体质量越大、位置越高，物体具有的重力势能就越多。

这个小实验向我们展现了物理学中一个特别重要的概念——能量转化。

什么是能量转化？

生活中有很多的能量，比如我们都知道的燃烧会产生热能，运动会产生动能，发光的物体具有光能等。但你知道吗，这些能量之间也可能会相互转化。

物理学研究发现，在一个封闭的系统中，能量既不会凭空产生，也不会凭空消失，它只会从一种形式转化为另一种形式，或者从一个物体转移到其他物体，而能量的总量保持不变。这就是能量守恒定律，它是联系机械能和热能的定律。

你一定听说过钻木取火吧？用硬木棍在木板上用力摩擦就能冒烟燃烧，钻木取火其实就是将摩擦产生的动能，转化为热能的过程。

不同的能量之间可以相互转化

通过上面的小实验，我们了解到了能量转化的概念。事实上，在人类历史上，很多发现和发明创造都和能量转化有着紧密的关系，比如蒸汽机，它能够将热能转化为机械能，并成为第一次工业革命的标志。

瓦特和
蒸汽机的出现

蒸汽机是人类历史上最伟大的发明之一，由于它的出现，人类社会从农业时代进入工业时代，它还推动了交通和运输业的繁荣，很多伟大的发明创造也都得益于蒸汽机的出现。

希罗设计的"汽转球"

蒸汽机的出现帮助人类社会进入工业时代

事实上，蒸汽机的概念比现代蒸汽机早了一千多年，因为公元一世纪时，古希腊的数学家希罗就创造了蒸汽机的雏形，并将其命名为"汽转球"。

随后，一些顶尖的科学家曾想过利用蒸汽产生的力来驱动某种机器，其中之一就是列奥纳多·达·芬奇。达·芬奇在 15 世纪的时候曾设计了一种用蒸汽做动力的大炮。

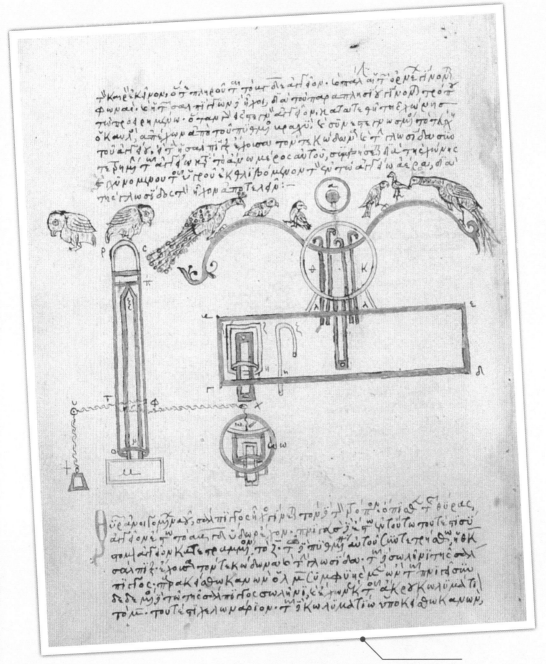

希罗的设计手稿

　　然而，直到 17 世纪中期，才真正为蒸汽机的发展奠定了基础。正是在这个世纪，一些发明家开发和测试了水泵以及活塞系统，这为商业蒸汽机铺平道路。从那时起，在三位重要人物的努力下，工业用的蒸汽机才得以出现。

　　首先要说的是托马斯·萨弗里，他是英国军事工程师。1698 年，他在法国物理学家丹尼斯·帕潘的蒸汽压力锅的启发下，申请了第一台蒸汽机的专利。

萨弗里申请了第一台蒸汽机的专利

萨弗里一直想解决从煤矿抽水的问题，后来他设计出了一个原始的蒸汽机，其原理是：先在一个封闭的容器中加热水，产生蒸汽；蒸汽通过管道，进入另一个装有水的接收器，并把接收器里的水压出；随后用冷水冷却接收器，让里面的蒸汽凝结形成真空；由于内外存在压差，接收器下面的管道就可以从煤矿里把水抽走了。

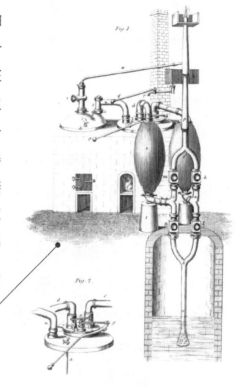

萨弗里设计的矿井排水机

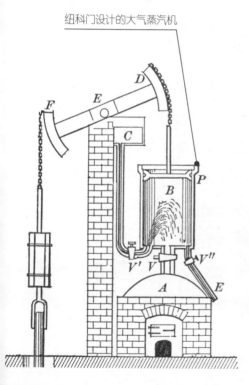

纽科门设计的大气蒸汽机

后来，托马斯·萨弗里还研究了大气蒸汽机。萨弗里的其他发明包括船舶里程表，这是一种测量航行距离的设备。

最终托马斯·纽科门发明了大气蒸汽机。这项发明是对萨弗里先前设计的改进。

纽科门的蒸汽机是利用大气压力来帮助机器工作的。这个过程从发动机将蒸汽泵入汽缸开始，然后蒸汽被冷水冷凝，汽缸内部形成真空，由此汽缸外产生的大气压力驱动活塞，产生向下的一个冲程。

纽科门的大气蒸汽机是瓦特蒸汽机的前身，它先是在英国，然后在整个欧洲大陆得到了推广，常用于矿井抽水。但由于蒸汽进入汽缸时，在刚被水冷却过的汽缸壁上冷凝而损失掉大量热量，所以这种蒸汽机的工作效率并不高。

瓦特改进了蒸汽机的设计

对蒸汽机影响最大的一个人当属詹姆斯·瓦特，他出生于格里诺克，是一位英国发明家和机械工程师。1764 年，瓦特在格拉斯哥大学工作时，受命修理一台纽科门蒸汽机，这台蒸汽机被认为效率低下，但已经是当时最好的蒸汽机了。于是，瓦特开始着手改进纽科门的设计。

瓦特公司的蒸汽机广告

AMES WATT & Cº

Soho Foundry,

BIRMINGHAM.

umping Engines

TER AND SEWAGE WORKS

MINTING MACHINERY

NERAL ENGINEERS

最显著的改进在 1765 年，瓦特发明了一种单独的冷凝器，通过一个阀门连接到汽缸上。与纽科门的蒸汽机不同，瓦特的设计有一个冷凝器，解决了汽缸冷凝损失热量的问题，进而提高了蒸汽机的工作效率。瓦特因此申请了专利。最终，他的蒸汽机成为所有现代蒸汽机的主导设计，还推动了交通工具的变革并成为第一次工业革命的标志。

瓦特和水壶的故事是真的吗？

小瓦特观察水壶

有一个流传很广的故事，说的是小瓦特看到水壶里的水在沸腾，蒸汽迫使壶盖上升，从而向他展示了蒸汽的力量，于是他受到启发发明了蒸汽机。那么这个故事是真的吗？事实上，瓦特并没有发明蒸汽机，而是通过增加一个单独的冷凝器，极大地提高了当时纽科门蒸汽机的效率。所以这个故事并不是真实的。

推动工业化进
程的蒸汽机

不过，瓦特进行过许多的实验室实验，他的日记记录了在进行这些实验时，他的确使用水壶作为锅炉来产生蒸汽。

为了纪念瓦特对蒸汽机和人类发展的贡献，功率的单位就是以瓦特的名字命名的，符号是 W。

是谁发明了火车？

这一切始于 2000 多年前的埃及、巴比伦和希腊的古代文明。在那个时代，人和货物的运输多是用马或牛拉的车来完成的，但人们注意到，如果车在预定的路径上行驶，不转向，并且地形平坦的话，牛或马会更省力。受此启发，他们修建了对车轮有预先限制的道路。这是世界上最早的"铁路"。

这些马车在罗马帝国灭亡后就不再使用了，直到欧洲文艺复兴时期的贸易和早期工业发展才得以恢复。

马车曾是人类社会中常用的交通工具

到了 18 世纪，英国的每个矿山都有了自己简单的木轨路线，用马拉着车从矿山到工厂。这种交通工具的改变出现在 19 世纪初，詹姆斯·瓦特改进了蒸汽机之后，几位发明家开始着手改进瓦特的设计。

1784 年，英国发明家威廉·默多克制作了一个公路蒸汽机车模型。1800 年左右，英国工程师理查德·特里维西克发明了四轮蒸汽机，这使得蒸汽机能够将更多的蒸汽动力转化为机械动力。

英国工程师特里维西克

特里维西克成功地造出了一台真正在轨道上行驶的货运蒸汽机车，并在 1804 年 2 月 21 日，由这台蒸汽机车拉动一列车厢，完成了一趟 94 米长的旅程，5 节车厢载着大约 10 吨货物和 70 名乘客。

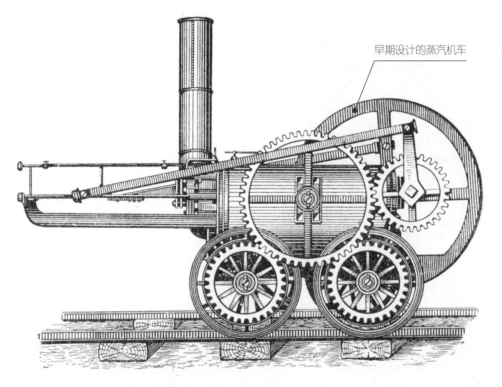

早期设计的蒸汽机车

特里维西克的这辆蒸汽机车的设计，包含了许多重要的创新，特别是使用高压蒸汽来减轻发动机的重量并提高效率。

同一年，特里维西克访问了英格兰东北部的纽卡斯尔地区，这里的煤矿轨道成了主要的蒸汽机车试验和发展中心。特里维西克的设计日后成为所有蒸汽机车的基础，蒸汽机车开始在世界各地应用。

不过遗憾的是，成功的蒸汽机车示范并没有促使特里维西克继续在这个领域工作。他放弃了蒸汽机车的设计工作，专注于为当地矿山建造固定式蒸汽泵。这一决定使其他发明家，如乔治·斯蒂芬森，引领了蒸汽机车的创新和发展。

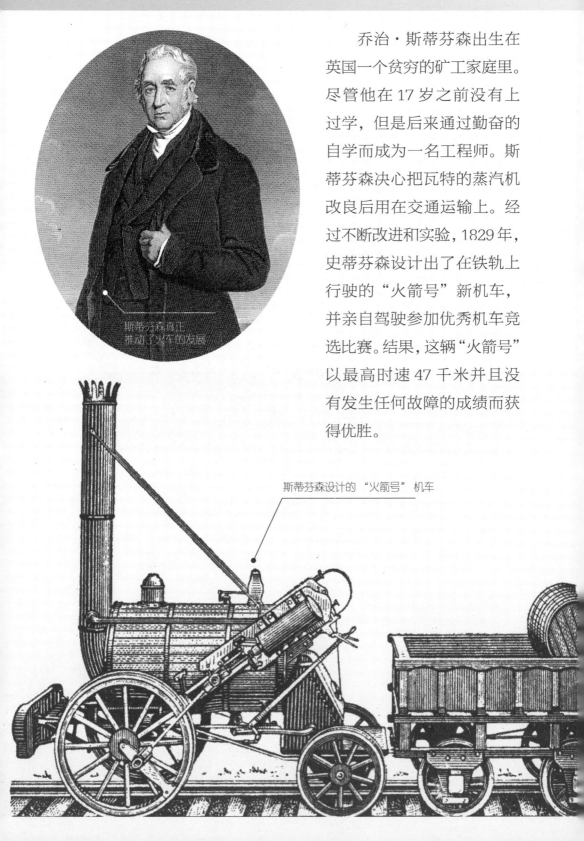

乔治·斯蒂芬森出生在英国一个贫穷的矿工家庭里。尽管他在 17 岁之前没有上过学，但是后来通过勤奋的自学而成为一名工程师。斯蒂芬森决心把瓦特的蒸汽机改良后用在交通运输上。经过不断改进和实验，1829 年，史蒂芬森设计出了在铁轨上行驶的"火箭号"新机车，并亲自驾驶参加优秀机车竞选比赛。结果，这辆"火箭号"以最高时速 47 千米并且没有发生任何故障的成绩而获得优胜。

斯蒂芬森真正推动了火车的发展

斯蒂芬森设计的"火箭号"机车

通过这场比赛，史蒂芬森向全世界展示了蒸汽机车注定会有光明的未来。他的机车头的设计很快传到了美国，并在新的土地上获得了迅速扩张。蒸汽机车和铁路线如雨后春笋一样，开始在世界很多国家和地区发展起来。

而史蒂芬森也成了当时英国最有名的蒸汽机车设计者和铁路设计师，参与了很多铁路轨道的设计。

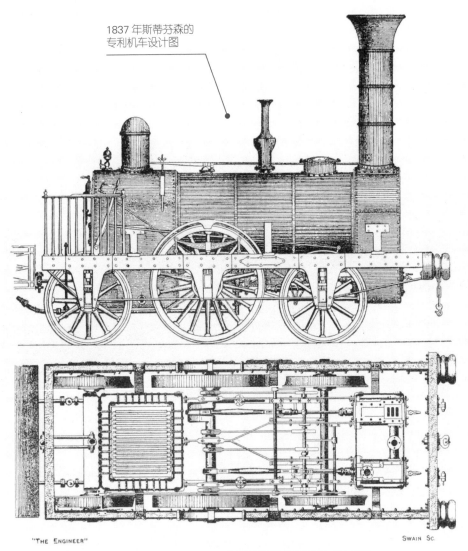

1837 年斯蒂芬森的专利机车设计图

"THE ENGINEER"　　　　　　　　　　　　　　　SWAIN SC.

FIG. 17—STEPHENSON'S 2-2-2 PATENT ENGINE OF 1837

蒸汽火车的蒸汽从哪来?

在影视作品中我们曾看过蒸汽机车冒着浓浓的烟，鸣着汽笛，奔驰前行的场面。那你知道蒸汽机车的浓烟是从哪儿来的吗？它们是从蒸汽机车的锅炉冒出的。蒸汽机车的锅炉有什么作用呢？

冒着浓烟的蒸汽机车

我们知道，蒸汽机车的主要动力是来自蒸汽机，而锅炉就是放置蒸汽机各个组成部分及其相关配件的地方。锅炉主要包括锅炉本体、过热箱、注水器、锅炉安全阀、冷热水泵、传热器、锅炉放水阀、压力表等。

在锅炉里，以煤为主的燃料燃烧产生大量热量，锅炉里的水在吸收了足够的热能后，温度升高，从而产生具有一定压强的蒸汽，这些蒸汽存储在锅炉中以备使用；当火车要行驶时这些蒸汽就被释放出来，蒸汽在汽缸内膨胀，这个过程中热能变成机械能，通过蒸汽机车的机械部分利用各动轮相连的连杆带动机车动轮转动产生动力。

蒸汽机的原理可以理解为热能转化为机械能

　　换句话说锅炉就是通过燃烧煤来加热水从而产生蒸汽，然后利用蒸汽在汽缸内膨胀做功，使热能转化为机械能。蒸汽机车的整个能量转换过程就是化学能—热能—机械能的转化过程。所以说锅炉是蒸汽机车的动力之源。

富尔顿和蒸汽轮船

瓦特改良了蒸汽机后，不仅推动了蒸汽机车的发明，而且还推动了蒸汽轮船的出现。而发明蒸汽轮船的人，是美国发明家罗伯特·富尔顿。富尔顿有一次外出寻工需要撑船逆流而上，遇到水流湍急时，艄公无论怎样费力撑船，船都不走。

美国发明家
罗伯特·富尔顿

当时的富尔顿就想，要是船可以自动行走多好！长大之后，富尔顿果真发明了一艘不用人力、可以自动行驶的船，也就是轮船。

富尔顿发明轮船时，正是第一次工业革命浪潮凶猛时。在他 22 岁到英国学习绘画时，见识到瓦特的蒸汽机的威力后，富尔顿就想着将其运用到船只上。经过数年的研究和实验，他终于如愿以偿地发明了以蒸汽机为动力的轮船，这是一次伟大的尝试与发明，为人类的航运事业做出了巨大的贡献。

当然，富尔顿发明的轮船与现在的轮船不太一样，他设计的轮船行走靠的是"明轮"，现在的轮船大多装配的是"暗轮"，但就当时的技术来说，富尔顿的轮船已经很先进了。

富尔顿的"克莱蒙特"号蒸汽轮船

除此之外，富尔顿发明的轮船行驶速度在当时算是非常快的。1807 年 8 月 17 日，富尔顿制造的"克莱蒙特"号蒸汽轮船第一次下水试航。这艘轮船配有当时最先进的瓦特发明的"双向汽缸"蒸汽机，载着 40 位来自社会各界的贵宾，沿纽约的哈德孙河逆流航行，向奥尔巴尼城进发。"克莱蒙特"号在 32 小时的时间里，航行了约 240 千米，而这段航程，用当时的普通帆船航行的话，要用上四天四夜。

不得不说，富尔顿发明的轮船在当时可谓是"神速"，比以往最快的帆船还少用了 1/3 的时间。后来，这艘最高航速约 8.3 千米／小时的"克莱蒙特"号，成了纽约与奥尔巴尼之间有定期航班的摆渡船。

富尔顿诞辰 200 周年纪念邮票

从蒸汽机到内燃机车

在火车发展的历史上，另一个非常重要的时刻是内燃机的发明，它终结了蒸汽机车占据主导的时代。

蒸汽机车的出现是因为瓦特改良了蒸汽机。跟蒸汽机车出现的原因一样，内燃机车的发明也是归功于内燃机的出现。

虽然同处于欧洲的德国没有和英国同时在第一次工业革命中迅速发展，但德国奋起直追，开始引领第二次工业革命的潮流。

德国工程师
尼古拉斯·奥古斯特·奥托

工程师尼古拉斯·奥古斯特·奥托（1832—1891）就是德国人努力追赶世界先进技术的代表。在1876年，他首先制成了一种燃烧煤气的新型发动机。

这为内燃机车的出现提供了可能。以前，人们使用的蒸汽机是在汽缸外面的锅炉里燃烧燃料，但奥托发明的新型发动机可以让燃料在汽缸内进行燃烧，再利用气体的压力推动活塞，从而产生带动机器的力。因此，人们就给它起了个形象的名字，叫作"内燃机"。

奥托内燃机的设计图

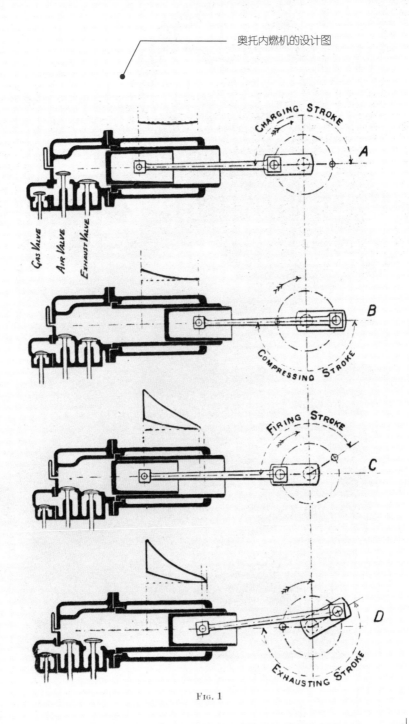

Fig. 1

19 世纪制造的内燃机

内燃机结构小巧紧凑，转速快，运转平稳，热效率高，因此很快就受到各行各业的欢迎。内燃机有着如此多的优点，这也让人们思考如何用它来改进火车。

在 1894 年，另一位德国工程师鲁道夫·狄塞尔发明了柴油内燃机，它和奥托发明的煤气内燃机不同，燃烧柴油会产生更大的能量。德国人开始把柴油内燃机安装到火车上。这种既不烧煤，也不烧煤气的内燃机开始为火车提供动力。

这也就意味着，火车能够以更快的速度奔驰，可以负载更多的人员和物资，提高了铁路的运输能力。而且内燃机车更清洁，对水的需求也大大减少，适合在比较缺水的地区使用。从柴油机车出现之后，它就成为火车家族中最受欢迎的成员，并逐渐取代了蒸汽机车，直到今天，仍在广泛使用。

内燃机提高了火车的运输能力

　　随着时间的推移，内燃机和电力发动机结合在一起，使火车能够同时利用两者的优点。而今天，随着高速铁路的修建和普及，以电力为主要动力来源的高速列车，成为人们出行的重要交通工具之一。

以电为动力来源的高速列车

世界上第一台电力机车

1879 年，德国西门子电气公司研制了第一台电力机车，重约 954 千克，只在一次柏林贸易展览会上做了一次表演。直到 1903 年，西门子与通用电气公司研制的第一台实用电力机车才开始投入使用。

世界第一条商用磁悬浮列车

你一定知道中国上海的著名景点东方明珠电视塔，可是你知道上海还有一个著名的"列车"景点吗？那就是上海的磁悬浮列车，这是世界上第一条投入运营的磁悬浮列车。

应用电磁原理的磁悬浮列车

很多到上海的游客都想体验一下这种特殊的火车带来的乘坐乐趣。其实，磁悬浮列车的原理并不复杂，就是利用电磁体"异性相吸，同性相斥"的原理。根据磁体"异性相吸"的原理制成的磁悬浮列车，称为常导磁悬浮列车。它在车体底部安装了电磁铁，在列车特殊的T形导轨上设置了感应钢板和反作用钢板。就像磁铁吸引铁一样，只要控制好距离，就能使铁不被磁铁吸住。

因此只要控制好磁悬浮列车电磁铁的电流，就能使电磁铁和导轨间保持 10 ~ 15 毫米的间隙，并使导轨钢板的排斥力与车辆的重力平衡，从而使车体悬浮运行。如果我们要想使磁悬浮列车停驶，只要让磁场反向，从而产生阻力就可以停下来了。

利用磁体"同性相斥"原理制成的磁悬浮列车，被称为超导磁悬浮列车。这种列车是日本率先研制成功的，它的轨道是"U"形的。列车开动时，轨道内的线圈因通电而转变为电磁铁，进而产生磁力，与列车下部的磁铁所产生的磁力形成一对排斥力，从而推动车辆前行。

在未来，高速列车可能会被速度更快、能耗更低和更安全的电磁系统列车所替代。2022 年，中国已经研发出最高时速达到 1030 千米每小时的"电磁橇"（音速为 1224 千米每小时），这个速度远远超过现在的磁悬浮列车。

留给你的思考题

1. 我们在太阳光下用放大镜聚焦，可以点燃一张纸，这是哪一种能量转化呢？

2. 今天的高速列车主要采用电力作为动力来源，实现了电能向机械能的转化。相对于传统的蒸汽火车或内燃机车，它有哪些优点呢？